by James Richard

ABSOLUTE VALUE WORKBOOK

January 2020

Copyright © 2020

All rights reserved. No part of this publication may be reproduced, distributed, or transmitted in any form or by any means, including photocopying, recording, or other electronic or mechanical methods, without the prior written permission of the publisher, except in the case of brief quotations embodied in critical reviews and certain other noncommercial uses permitted by copyright law. For permission requests, write to the publisher using address below.

delightfulbook@gmail.com

© 2020

Contents

First order equations 4
   Definition 4
  PROPERTIES OF SOLUTION SET 9
  TEST WITH SOLUTIONS 11
   QUESTIONS 17

First Order Equations

ax+b=0

$\Rightarrow ax = -b$

$\Rightarrow x = -\dfrac{b}{a}$

Definition

: Let $a \neq o$ and $ax + b = 0$, *such expressions*

are called first order equations

Solution set: S.S $= \left\{-\dfrac{b}{a}\right\}$

(Example):

$\dfrac{x}{2} - 1 = \dfrac{x}{4} - 2 \Rightarrow (SS) = ?$

A){-4} B){-3} C){-2} D){-1}
E){0}

(Solution):

$\dfrac{x}{2} - 1 = \dfrac{x}{4} - 2$

$\dfrac{x}{2} - \dfrac{x}{4} = 1 - 2$

$\dfrac{2x}{4} - \dfrac{x}{4} = -1$

$\dfrac{x}{4} = -1$

X=-4 $\Rightarrow C = \{-2\}$

Answer A

(Example):

$$\frac{3}{\frac{x}{2}+1} - \frac{4}{\frac{x}{2}-1} = 0 \Rightarrow (SS) = ?$$

A){-16} B){-14} C){-8} D){4}
E){12}

(Solution):

$$\frac{3}{\frac{x}{2}+1} - \frac{4}{\frac{x}{2}-1} = 0$$

$$\frac{3}{\frac{x}{2}+1} = \frac{4}{\frac{x}{2}-1}$$

$$3(\frac{x}{2}-1) = 4(\frac{x}{2}+1)$$

$$\frac{3x}{2} - 3 = \frac{4x}{2} + 4$$

$$\frac{3x}{2} - \frac{4x}{2} = +3 + 4$$

$$\frac{-x}{2} = 7$$

-x=14

x=-14 $\Rightarrow (SS) = \{-14\}$

Answer B

(Example):
$$\frac{x}{\frac{1}{2}+1}+1=\frac{3x+1}{3} \Rightarrow (SS)=?$$

A){-2} B){-1} C){0} D){1}
E){2}

(Solution):
$$\frac{x}{\frac{1}{2}+1}+1=\frac{3x+1}{3}$$

$$\frac{x}{\frac{3}{2}}+1=\frac{3x}{3}+\frac{1}{3}$$

$$\frac{2x}{3}-\frac{3x}{3}=-1+\frac{1}{3}$$

$$\frac{-x}{3}=\frac{-2}{3}$$

X=2 $\Rightarrow (SS)=\{2\}$

-Answer E

$\left.\begin{array}{l}a_1 x+b_1 y=c_1\\ a_2 x+b_2 y=c_2\end{array}\right\}$ These are called equation systems.

(Example):

$$\left.\begin{array}{l}\dfrac{x+y-5}{5}=\dfrac{3}{2}\\ \dfrac{x-y+4}{4}=\dfrac{7}{5}\end{array}\right\} \Rightarrow x=?$$

A) $\dfrac{125}{17}$ B) $\dfrac{123}{23}$ C) 7   D) $\dfrac{141}{20}$

E) 9

(Solution):

$\dfrac{x+y-5}{5}=\dfrac{3}{2} \Rightarrow 2x+2y-10=15 \Rightarrow 5/2x+2y=25$

$\dfrac{x-y+4}{4}=\dfrac{7}{5} \Rightarrow 5x-5y+20=28 \Rightarrow 2/5x-5y=8$

....

10x+10y=125

+ 10x−10y=16

....

20x=141

X= $\dfrac{141}{20}$

−Answer D

(Example):

$\left.\begin{array}{l}2x+y=1\\ 5x-6y=-28\end{array}\right\} \Rightarrow (SS)=?$

A){(-2,3)}   B){(-1,4)}   C){(2,3)}

D){(-2,4)}   E){(1,-3)}

(Solution):

2x+y=-1

   Y=-1-2x

5x-6(-1-2x)=-28

5x+6+12x=-28

   17x=-34

   X=-2

2.(-2)+y=-1

   Y=3

(SS)={(-2,3)}

-Answer A

(Example):

$$\left. \begin{array}{l} x - \dfrac{y}{3} = 10 \\ \dfrac{x}{3} + \dfrac{y}{4} = -1 \end{array} \right\} \Rightarrow (SS) = ?$$

A){(-1,6)}   B){(-2,4)}   C){(2,3)}   D){(6,-12)}
                  E){(-6,8)}

(Solution):

$x - \dfrac{y}{3} = 10 \Rightarrow x = 10 + \dfrac{y}{3}$

$\dfrac{1}{3}.x + \dfrac{y}{4} = -1 \Rightarrow \dfrac{1}{3}.\left(10 + \dfrac{y}{3}\right) + \dfrac{y}{4} = -1$

$$\frac{10}{3}+\frac{y}{9}+\frac{y}{4}=-1$$

$$\frac{13y}{36}=-1-\frac{10}{3}$$

$$\frac{13y}{36}=\frac{-13}{3}$$

$$Y=\frac{-13}{3}\cdot\frac{36}{13}$$

Y=-12

$$x-\frac{(-2)}{3}=10$$

X=6

(SS)={(6,12)}

PROPERTIES OF SOLUTION SET

1. $\dfrac{a_1}{a_2} \neq \dfrac{b_1}{b_2} \neq \dfrac{c_1}{c_2}$,then the solution set has one member.

(Example):

$\left.\begin{array}{l} 3x + 5y = 29 \\ 2x - 3y = -6 \end{array}\right\} \Rightarrow (SS) = ?$

A){(1,2)} B){(2,3)} C){(3,4)}
D){(2,4)} E({(1,3)}

(Solution):

3/3x + 5y = 29

5/2x − 3y = −6

....

9x + 15y = 87

+10x−15y=30

....

19x=57

X=3

⇒2.3 − 3y = −6

-3y=-12

Y=4

(SS)={(3,4)}

-Answer C

2. $\dfrac{a_1}{a_2} = \dfrac{b_1}{b_2} \neq \dfrac{c_1}{c_2}$ then the solution set is an empty set.

(Example):

$\left. \begin{array}{l} 2x - 3y = 6 \\ -x + \dfrac{3}{2}y = -12 \end{array} \right\} \Rightarrow (SS) = ?$

A){(1,2)}   B){(-1,2)}   C){(2,5)}   D)R
E)∅

(Solution):

$\dfrac{2}{-1} = \dfrac{-3}{\frac{3}{2}} \neq \dfrac{6}{-12} \Rightarrow (SS) = \emptyset$

-Answer E

3. $\dfrac{a_1}{a_2} = \dfrac{b_1}{b_2} = \dfrac{c_1}{c_2}$ then the solution set has infinite number of members

(Example):

$\left. \begin{array}{l} 6x - 3y = -6 \\ 4x - 2y = -4 \end{array} \right\} \Rightarrow (SS) = ?$

A){(-2,2)}   B){(-3,3)}   C){(1,5)}   D)R
E)∅

(Solution):

$\dfrac{6}{4} = \dfrac{-3}{-2} = \dfrac{-6}{-4} \Rightarrow$

Solution set has infinite number of elements.

TEST WITH SOLUTIONS

1. $x - (2 - x).(4 + x) = -(2 - x).(2 + x) \Rightarrow x = ?$

A)-4   B)-3   C)$\dfrac{1}{4}$ D)$\dfrac{4}{3}$ E)2

(Solution):

x-(2-x).(4+x)=-(2-x).(2+x)

x-(8+2x-4x+x^2) = $-(4 + 2x - 2x - x^2)$

$x - 8 + 2x + x^2 = -4 + x^2$

3x-8=-4

3x=4

X=$\dfrac{4}{3}$

-Answer D

2. $3.(x - 1) = (x - 3) + 2x \Rightarrow (SS) = ?$

A)∅   B){0}   C){1}   D){2}   E)R

(Solution):

3.(x-1)=(x-3)+2x

3x-3=x-3+2x

3x-3=3x-3

0=0

(SS)=R

-Answer E

3. $3ax-b=bx-3a \Rightarrow x = ?$

A)-a   B)-1   C)1   D)$\dfrac{3}{2}$ E)a

(Solution):

$3ax-b=bx-3a$

$3ax-bx=b-3a$

$$\Rightarrow x = \frac{(3a-b)}{3a-b}$$

$$= \frac{b-3a}{3a-b}$$

$$= \frac{-(3a-b)}{3a-b}$$

$$= -1$$

-Answer B

14. $\left.\begin{array}{c} 5^b:3^a = 30 \\ 3^a:4 = \dfrac{1}{24} \end{array}\right\} \Rightarrow b = ?$

A)1   B)2   C)3   D)4   E)5

(Solution):

$\dfrac{3^a}{4} = \dfrac{1}{24} \Rightarrow 3^a = \dfrac{1}{6}$

$5^b \cdot \dfrac{1}{6} = 30 \Rightarrow 5^b \cdot 6 = 30$

$5^b = 5 \Rightarrow b = 1$

-Answer A

15. $y-2[y - 2.[y - 2.(y - 2)]]=21 \Rightarrow y = ?$

A) -2　　　B) -1　　　C) 0　　　D) 1　　　E) 2

(Solution):

$y-2[y - 2[y - 2.(y - 2)]] = 21$

$y-2\{y-2.[y - 2y + 4]\} = 21$

y-2.(y-2(-y+4))=21

y-2.(y+2y-8)=21

y-2.(3y-8)=21

　　-5y=21-16

　　-5y=5 $\Rightarrow y = -1$

　　　　　　　　　-Answer B

16. $\dfrac{a - 2}{3} - 0.4 \cdot \dfrac{(a - 1)}{3} = \dfrac{2}{3} \Rightarrow a = ?$

A) 6　　　B) 7　　　C) 8　　　D) 26　　　E) 32

(Solution): $\dfrac{a - 2}{3} - \dfrac{4}{10} \cdot \dfrac{a - 1}{3} = \dfrac{2}{3}$

$\dfrac{5a - 10 - 2(a - 1)}{15} = \dfrac{2}{3}$

$\dfrac{5a - 10 - 2a + 2}{15} = \dfrac{2}{3}$

$\dfrac{3a - 8}{15} = \dfrac{2}{3}$

9a-24=30

9a=54 $\Rightarrow a = 6$

-Answer A

17. $\left.\begin{array}{l}a-b=2\\c-d=4\\a+c=10\end{array}\right\} \Rightarrow a+b+c+d=?$

A) 10 B) 11 C) 12 D) 13 E) 14

(Solution):

$\left.\begin{array}{l}a-b=2\\c-d=4\\a+c=10\end{array}\right\}$

$a+c=10$ a+c=10

$-1/a\ a-b=2$ $-1/c-d=4$

....

a+c=10   a+c=10

-a+b=-2   -c+d=-4

....

b+c=8   a+d=6

a+b+c+d=6+8

=14

Yanit-Answer E

18. $\left.\begin{array}{l}2x=3y\\\dfrac{x}{3}+2y=10\end{array}\right\} \Rightarrow y=?$

A) 1 B) 2 C) 4 D) 6 E) 8

16

(Solution):

2x=3y

2x-3y=0

$\dfrac{x}{3} + 2y = 10$

$\dfrac{x+6y}{3} = \dfrac{10}{1}$

X+6y=30

$\require{cancel}$
$\begin{array}{r} 2/2x - 3y = 0 \\ \underline{-4 \ \ x+6y = 30} \\ 4x - 6y = 0 \\ \underline{5x = 30} \end{array}$

X=6 ⇒ 206 = 3y ⇒ y = 4

-Answer C

19. $\dfrac{x-1}{2} + \dfrac{x+1}{4} = 2x - \dfrac{x-1}{4} \Rightarrow x = ?$

A) $-\dfrac{1}{2}$ B) $-\dfrac{1}{3}$ C) $\dfrac{1}{4}$ D) $\dfrac{1}{3}$

E) $\dfrac{1}{2}$

(Solution):

$\dfrac{x-1}{2} + \dfrac{x+1}{4} = \dfrac{2x}{1} - \dfrac{x-1}{4}$
(2)   (1)   (4)   (1)

$\dfrac{2x-2+x+1}{4} = \dfrac{8x-x+1}{4}$

17

$$\frac{3x-1}{4} = \frac{7x+1}{4}$$

$3x - 7x = 1 + 1$

-4x=2

$$x = -\frac{2}{4}$$

$$x = -\frac{1}{2}$$

-Answer A

20. $\begin{matrix} 3x - 5y + 2z = -11 \\ 6x - 2y + 5z = 7 \end{matrix} \bigg\} \Rightarrow x + y + z = ?$

A)1 B)2 C)3 D)4 E)6

(Solution):

$-1/3x - 5y + 2z = -11$

$\underline{6x - 2y + 5z = 7}$

$-3x + 5y - 2z = 11$

$\underline{+6x - 2y + 5z = 7}$

$3x + 3y + 3z = 18$

3.(x+y+z)=18

X+y+z=6

Answer E

21. $\begin{matrix} a + b = 14 \\ b + c = 12 \\ a + c = 16 \end{matrix} \bigg\} \Rightarrow 2a + b - c = ?$

A)12 B)13 C)14 D)15 E)16

(Solution):

a+b=14

b+c=12

$$\frac{-1/a + c = 16}{2b = 10}$$

b=5 ⇒ a = 9 ⇒ c = 7

2.(9)+5-7=16

-Answer E

QUESTIONS

1. $f(x) = \dfrac{2}{x-2} - \dfrac{1}{3}$, $f(x_1) = 0 \Rightarrow x_1 = ?$

A) 8   B) 6   C) 4   D) 3   E) 1

(Solution):

$f(x) = \dfrac{2}{x-2} - \dfrac{1}{3}$

$f(x_1) = \dfrac{2}{x_1-2} - \dfrac{1}{3} = 0, \dfrac{2}{x_1-2} = \dfrac{1}{3} \Rightarrow x_1 - 2 = 6$

$x_1 = 8$

2. $\left. \begin{array}{l} a+b = 2 \\ b+c = \dfrac{5}{4} \\ a+c = \dfrac{9}{4} \end{array} \right\} \Rightarrow \dfrac{c}{a} = ?$

A) $\dfrac{3}{2}$ B) $\dfrac{4}{3}$ C) $\dfrac{5}{2}$ D) $\dfrac{2}{3}$

E) $\dfrac{1}{2}$

(Solution):

a+b=2

b+c=$\dfrac{5}{4}$

a+c=$\dfrac{9}{4}$

+

....

$$\frac{2}{1} + \frac{5}{4} + \frac{9}{4}$$
2a+2b+2c=(4) (1) (1)

$2\cdot(a+b+c) = \dfrac{22}{4}$

$\dfrac{a+b+c}{2} = \dfrac{11}{4}$

2+c= $\dfrac{11}{4} \Rightarrow c = \dfrac{11}{4} - 2 = \dfrac{3}{4}$

a+c= $\dfrac{9}{4}$

a+$\dfrac{3}{4}$ = $\dfrac{9}{4} \Rightarrow a = \dfrac{6}{4}$

$\dfrac{c}{a} = \dfrac{\frac{3}{4}}{\frac{6}{4}} \Rightarrow \dfrac{c}{a} = \dfrac{3}{4}\cdot\dfrac{4}{6}$

$\dfrac{c}{a} = \dfrac{1}{2}$

3. $f(x) = x^2 - ax + a - b, f(2) = 0, f(3) = 2 \Rightarrow b = ?$

A)-2   B)-1   C)0   D)1   E)2

(Solution):

$f(x) = x^2 - ax + a - b$

$f(2) = 2^2 - 2a + a - b$

$f(2) = 4 - a - b \Rightarrow 4 - a - b = 0 \Rightarrow a + b = 4$

$f(3) = 3^2 - 3a + a - b = 2 \Rightarrow 9 - 2a - b = 2$

$\Rightarrow 2a + b = 7$

$-a - b = 4$
$+ 2a + b = 7$
$\overline{}$
$a = 3$

b=1

4. $\left.\begin{array}{l} 5 - x = y \\ 2x - 6y = 2 \end{array}\right\} \Rightarrow (x, y) = ?$

A){-3,8}   B){-3,1}   C) (4,1)   D) (4,8)
E) (9,-4)

(Solution):

5-x=y $\Rightarrow$ $x + y = 5$

2x-6y=2 $\Rightarrow$ $\dfrac{-1/x - 3y = 1}{x + y = 5}$

$+$ $\dfrac{ -x + 3y = -1}{4y = 4}$

Y=1

X=4

(1,4)

22

5. $\dfrac{3}{b} = \dfrac{5}{d}\cdot\dfrac{3}{4}.d = \dfrac{5}{4}.b + c - 1 \Rightarrow c = ?$

A) 0   B) 1   C) 2   D) 3   E) 4

(Solution):

$\dfrac{3}{b} = \dfrac{5}{d} \Rightarrow 3d = 5b \Rightarrow 3d - 5b = 0$

$\dfrac{3}{4}d = \dfrac{5}{4}b + c - 1$

$\dfrac{3d}{4} - \dfrac{5b}{4} = c - 1$

$\dfrac{3d - 5b}{4} = c - 1$

$\dfrac{0}{4} = c - 1$

0 = c - 1

C = 1

6. $\left.\begin{array}{l} 2x + y = z \\ x + y + z = 12 \\ x + z = 3y \end{array}\right\} \Rightarrow z = ?$

A) 3   B) 4   C) 5   D) 6   E) 7

(Solution):

X+z=3y

X+z+y=12

3y+y=12

Y=3

2x+y=z $\Rightarrow$ $2x - z = -3$

$\quad\dfrac{x + z = 9}{3x = 6}$

2x+3=z

 3x=6

 X=2, z=7

7. $\left.\begin{array}{l}K + 2L + M = 6 \\ 2K - L + 2M = 7\end{array}\right\} \Rightarrow K + L + M = ?$

A)1 　　　　B)2 　　　　C)3 　　　　D)4 　　　　E)5

(Solution):

$-2\left/\begin{array}{l}K + 2L + M = 6 \\ 2K - L + 2M = 7\end{array}\right\} \Rightarrow -2K - 4L - 2M = -12$

$+ \quad \dfrac{2K - L + 2M = 7}{-5L = -5}$
$ L = 1$

K+2.1+M=6 $\Rightarrow$ $K + M = 4$

 K+L+M=5

8. f(x)=ax+b, f(1)=-2, f(2)=1 $\Rightarrow f(3) = ?$

A)1 　　　　B)2 　　　　C)3 　　　　D)4 　　　　E)5

(Solution):

f(x)=ax+b

f(1)=a+b=-2 $\Rightarrow -1/a + b = -2$

$\Rightarrow \dfrac{\begin{array}{l}2a + b = 1 \\ -a - b = 2\end{array}}{2a + b = 1}$

f(2)=2a+b=1 $ a = 3$

a=3

b=-5

f(3)=3.3-5

f(3)=4

9. $x > 0, \dfrac{\frac{1}{x}}{3} + \dfrac{\frac{1}{3}}{x} = \dfrac{x}{6} \Rightarrow x = ?$

A)1   B)2   C)3   D)4   E)5

(Solution):

$\dfrac{\frac{1}{x}}{3} + \dfrac{\frac{1}{3}}{x} = \dfrac{x}{6}$

$3x^2 = 12 \Rightarrow x^2 = 4 \Rightarrow x = \pm 2, x = 2$

10. $\dfrac{\frac{2}{1}}{x} - \dfrac{\frac{1}{2}}{x} = 6 \Rightarrow x = ?$

A)6   B)5   C)4   D)3   E)2

(Solution):

$\dfrac{\frac{2}{1}}{x} - \dfrac{\frac{1}{2}}{x} = 6$

$\dfrac{2x}{1} - \dfrac{x}{2} = 6 \Rightarrow \dfrac{3x}{2} = 6$
(2)   (1)

3x=12

X=4

11. $\dfrac{x}{2} - \dfrac{x-1}{4} = 1 \Rightarrow x = ?$

A)1   B)2   C)3   D)4   E)5

(Solution):

$\dfrac{x}{2} - \dfrac{x-1}{4} = 1$
(2)

$\dfrac{2x - x + 1}{4} = 1 \Rightarrow \dfrac{x+1}{4} = 1$

X+1=4

X=3

12. $0 < a, 0 < b, 0 < c, \quad \dfrac{b}{a} = \dfrac{1}{3}, \dfrac{a}{c} = \dfrac{2}{3}$

a+b+c=34 $\Rightarrow a = ?$

A)8   B)10   C)12   D)14   E)16

(Solution):

$\dfrac{b}{a} = \dfrac{1}{3} \Rightarrow b = \dfrac{a}{3}$

$\dfrac{a}{c} = \dfrac{2}{3} \Rightarrow c = \dfrac{3a}{2}$

a+b+c=34

$\dfrac{a}{1} + \dfrac{a}{3} + \dfrac{3a}{2} = 34$
(6)   (2)   (3)

$$\frac{6a}{6} + \frac{2a}{6} + \frac{9a}{6} = 34$$

$$\frac{17a}{6} = \frac{34}{1}$$

17.a=34.6

a=12

13. $K > 0, x = 2K, y = 3K, z = 4K,$

X+y+z=360 $\Rightarrow z = ?$

A)180 B)160 C)120 D)80 E)60

(Solution):

X+y+z=360

2K+3K+4K=360

$$\frac{9k}{9} = \frac{360}{9}$$

K=40, z=4.K, z=4.40=160

14. $\left.\begin{array}{c} x - 0.2y = 0.2 \\ 2x - y = -20 \end{array}\right\} \Rightarrow x + y = ?$

A)21 B)29 C)41 D)48 E)51

(Solution):

$-5/x - 0.2y = 0.2$

$\underline{2x - y = -20}$

$-5x + y = -1$

$\underline{2x - y = -20}$

$-3x = -21$

X=7

Y=34, x+y=7+34

=41

15. $\begin{cases} 2a+b=10 \\ a+2c=14 \\ b+c=7 \end{cases} \Rightarrow ?<?<?$

A) $b<a<c$ B) $b<c<a$ C) $a<b<c$

D) $a<c<b$ D) $c<a<b$

(Solution):

2a+b=10

$\dfrac{-b-c=-7}{2a-c=3}$

a+2c=14

$\dfrac{4a-2c=6}{5a=20}$

a=4, b=2, c=5, $b<a<c$

16. $0.003 = \dfrac{1}{100} \cdot k \Rightarrow k = ?$

A) $\dfrac{3}{10}$ B) $\dfrac{3}{100}$ C) $\dfrac{3}{20}$ D) $\dfrac{1}{30}$ E) 30

(Solution):

K=0.003·100

K=0.3=$\dfrac{3}{10}$

17. $(3x-1)^2 = 9x^2 + 13 \Rightarrow x = ?$

A) 3   B) 2   C) -3   D) -2   E) $-\dfrac{1}{2}$

(Solution):

$9x^2 - 6x + 1 = 9x^2 + 13$

-6x+1=13

-6x=12

X=-2

18. $2^{x+4} + 2^{x+1} + 2^x = 304 \Rightarrow x = ?$

A) 3   B) 4   C) 5   D) 6   E) 7

(Soution):

$2^{x+4} + 2^{x+1} + 2^x = 304$

$2^x.2^4 + 2^x.2 + 2^x = 304$

$2^x(16 + 2 + 1) = 304$

$2^x.19 = 304$

$2^x = 16$

$2^x = 2^4$

X=4

19. $\dfrac{5}{5-x-5} = 10 \Rightarrow x = ?$

A) 1   B) 2   C) 3   D) 4   E) 6

(Solution):

$$\frac{5}{5 \cdot x - 5} = 10$$

$$\frac{5}{\frac{1}{(x-5)}} - \frac{5}{x-5} = 10$$
$$(1)$$

$$\frac{5x - 25 - 5}{x - 5} = 10$$

$$\frac{5x - 10}{x - 5} = 10$$

5x-30=10x-50

20=5x

4=x

1. $\dfrac{3x}{2} - \dfrac{2x}{5} = 6\left(\dfrac{4x}{5} - 1\right) \Rightarrow (SS) = ?$

A) $\{\dfrac{1}{2}\}$ B) $\{\dfrac{48}{11}\}$ C) $\{\dfrac{37}{60}\}$ D) $\emptyset$ E) $\{\dfrac{60}{37}\}$

2. $\left(2 - \dfrac{a+1}{a-1}\right) : 2 = \dfrac{1}{3} \Rightarrow a = ?$

A) $\dfrac{3}{2}$ B) 4   C) 5   D) 6   E) 7

3. $\left.\begin{array}{l} 3a + 4b = 5c \\ 4a + 3b = 4c \\ a + b = 27 \end{array}\right\} \Rightarrow c = ?$

A) 91   B) 24   C) 23   D) 22   E) 21

4. $\begin{cases} 2a+b=16 \\ a+c=6 \\ b-c=8 \end{cases} \Rightarrow 4a+4b-2c=?$

A)48   B)49   C)51   D)54   E)56

5. $\dfrac{1}{1+\dfrac{1}{\dfrac{3}{1+\dfrac{2}{x}}}}=\dfrac{3}{2} \Rightarrow x=?$

A)-4   B)-2   C)0   D)3   E)4

6. $\begin{cases} x+y=3 \\ y+z=4 \\ z+x=7 \end{cases} \Rightarrow x+y+z=?$

A)1   B)3   C)4   D)6   E)7

7. $\dfrac{1-\dfrac{x}{1+\dfrac{3}{3}}}{3}=\dfrac{1}{3} \Rightarrow x=?$

A)1   B)2   C)3   D)4   E)6

8. $\dfrac{2}{x}:\dfrac{4}{3}=4x \Rightarrow x=?$

A) $\dfrac{1}{2}$ B) $-\dfrac{1}{3}$ C) $\dfrac{1}{3}$ D) $-\dfrac{1}{6}$ E) 6

9. $\dfrac{1-3x}{2} - \dfrac{x-2}{3} = 1 \Rightarrow x = ?$

A) $\dfrac{1}{2}$ B) $\dfrac{1}{11}$ C) $\dfrac{11}{7}$ D) 18   E) 21

10. $2x + \dfrac{1}{3}(x-3) = 6 \Rightarrow x = ?$

A) 3   B) 10   C) 18   D) 21   E) $\dfrac{6}{7}$

11. $a \neq b$

$\dfrac{2}{3a+a} = 3b + \dfrac{2}{b} \Rightarrow a.b = ?$

A) 2   B) 3   C) $\dfrac{2}{3}$ D) $\dfrac{4}{9}$ E) 12

12. $\dfrac{1}{1-\dfrac{2}{x-\dfrac{2}{3}}} = 2 \Rightarrow x = ?$

A) $-\dfrac{1}{2}$ B) $-\dfrac{1}{3}$ C) $\dfrac{1}{3}$ D) 6   E) 9

13. $\dfrac{b(x-a)}{2} - \dfrac{a(x-2b)}{4} = \dfrac{ab}{4} \Rightarrow x = ?$

A) $\dfrac{2b-2a}{ab}$ B) $\dfrac{ab}{2b-a}$ C) $\dfrac{ab-1}{a+b}$ D) $\dfrac{2b}{a-b}$ E) $\dfrac{a+b}{a-b}$

14. $\left.\begin{array}{l} 2a - b + 3c = 6 \\ a + 2b + c = 4 \\ 2a + 4b + c = 10 \end{array}\right\} \Rightarrow a + b + c = ?$

A) 1   B) 4   C) 16   D) 20   E) 24

15. $\dfrac{2x-2}{3} = \dfrac{b+x}{4} \Rightarrow x = ?$

A) $\dfrac{2b+4}{3}$ B) $\dfrac{3b+8}{5}$ C) $\dfrac{11b-8}{3}$ D) $\dfrac{8-11b}{5}$ E) $\dfrac{5b-8}{3}$

16. $\dfrac{2011 \cdot x - 2030}{2030 - 2011 \cdot x} = \dfrac{x-7}{2x+1} \Rightarrow x = ?$

A) 0   B) 1   C) 2   D) 2000   E) 2019

17. $\dfrac{x}{a} + \dfrac{x}{b} = \dfrac{b}{x} + \dfrac{a}{x} \Rightarrow x = ?$

A) $\dfrac{a}{b}$ B) a^2b C) ab D) $\sqrt{ab}$ E) $\sqrt{\dfrac{a}{b}}$

18. $\left(2 - \dfrac{a+3}{a-2}\right) = 3 \Rightarrow a = ?$

A) $-\dfrac{1}{2}$ B) $\dfrac{3}{4}$ C) 5   D) 6   E) $\dfrac{7}{3}$

19. $a \neq 0$

a(4-2x)=-2(ab+ax)$\Rightarrow b = ?$

A) 0   B) 1   C) -2   D) 4   E) 8

20. $\left.\begin{array}{r} 2ax + 2by = 17 \\ 4ax - 2by = 19 \\ x = y = 3 \end{array}\right\} \Rightarrow a - b = ?$

A) $\dfrac{7}{6}$ B) $\dfrac{-4}{3}$ C) $\dfrac{10}{3}$ D) 8   E) 18

21. $\left.\begin{array}{l} a + b - c + d = 3 \\ 2a + 3c + 2d + b = 6 \\ 3a + 4b + 4c + 3d = 9 \end{array}\right\} \Rightarrow a + b + c + d = ?$

A) 2   B) 3   C) 12   D) $\dfrac{9}{2}$ E) 4

22.

+	a	b	c
a		9	
b			10
c	11		

$\Rightarrow a - b + c = ?$

A) 7　　　　B) 9　　　　C) 10　　　　D) 11　　　　E) 12

23. $\left.\begin{array}{l} x^2.y = 6 \\ y^2.z = 12 \\ z^2.x = 3 \end{array}\right\} \Rightarrow x.y.z = ?$

A) 3　　　　B) 4　　　　C) 6　　　　D) 36　　　　E) 21

(Answers)					
1.E	2.E	3.E	4.A	5.A	6.E
7.C	8.D	9.B	10.E	11.C	12.B
13.B	14.B	15.B	16.C	17.D	18.A
19.C	20.A	21.B	22.A	23.C	

1. $\dfrac{a - \dfrac{1}{a}}{2 - \dfrac{2}{a}} = \dfrac{2a-4}{4} \Rightarrow (SS) = ?$

A){4}   B){2}   C){-2}   D){-4}   E)∅

2. $\dfrac{a+2}{a-1} - \dfrac{2-a}{1-a} = 1 \Rightarrow a = ?$

A)5   B)3   C)2   D)1   E)0

3. $\dfrac{3x+2}{4} - \dfrac{4x-3}{4} = 2 \Rightarrow x = ?$

A)-3   B)$\dfrac{1}{3}$ C)3   D)1   E)$\dfrac{1}{2}$

4. $(x+a)(x-a) = 2x^2 - (x-a)^2, a \neq 0 \Rightarrow x = ?$

A)a   B)-a   C)0   D)$\dfrac{a}{2}$ E)$-\dfrac{a}{3}$

5. $\dfrac{x-1}{2} + \dfrac{x+1}{4} = 2x - \dfrac{x-1}{4} \Rightarrow x = ?$

A)$\dfrac{1}{3}$ B)$\dfrac{1}{2}$ C)$-\dfrac{1}{3}$ D)$-\dfrac{1}{2}$ E)$\dfrac{1}{4}$

6. $\dfrac{2}{2+\dfrac{2}{2+\dfrac{2}{x}}} = 2 \Rightarrow x = ?$

A) 0 B) 1 C) $-\dfrac{1}{2}$ D) -2 E) $\dfrac{1}{2}$

7. $12-2a-6\sqrt{2} + \dfrac{a}{6} + 2a - 12 + 5\sqrt{2} = 0 \Rightarrow a = ?$

A) $6\sqrt{2}$ B) 2 C) 0 D) 12 E) 8

8. $0.2+3=x+\dfrac{1}{3} \Rightarrow x = ?$

A) -2 B) 0 C) 2 D) $\dfrac{24}{7}$ E) $\dfrac{13}{3}$

9. $\dfrac{0}{x-1} - \dfrac{1}{x+1} = \dfrac{1}{x} - \dfrac{1}{x+2} \Rightarrow x = ?$

A) 1 B) $\dfrac{1}{2}$ C) 0 D) -1 E) $-\dfrac{1}{2}$

10. $\dfrac{0.2x - 0.1}{x - 0.8} = 0.1 \Rightarrow x = ?$

A) $-\dfrac{5}{3}$ B) $-\dfrac{3}{5}$ C) 0 D) $\dfrac{1}{5}$ E) $\dfrac{3}{5}$

11. $\dfrac{1}{a}+\dfrac{1}{x}=\dfrac{1}{b} \Rightarrow x = ?$

A) 0   B) ab   C) $\dfrac{1}{ab}$ D) $\dfrac{ab}{a-b}$ E) a+b

12. $(2-x)^2 = x(x-2) \Rightarrow x = ?$

A) -2   B) 0   C) 2   D) 4   E) 5

13. $2^{x-1}.5^{x+1} = \left(\dfrac{1}{5}\right)^{-2} \Rightarrow x = ?$

A) -3   B) -1   C) 0   D) 1   E) 2

14. $2^x + 3.2^x + 2^{x+2} = 64 \Rightarrow x = ?$

A) 1   B) 2   C) 3   D) 4   E) $\dfrac{1}{2}$

15. $3^{x-2} + \sqrt{9^{x-2}} = \dfrac{2}{27} \Rightarrow x = ?$

A) -2   B) -1   C) 2   D) 3   E) $\dfrac{1}{3}$

16. $\dfrac{4.8}{0.x} + \dfrac{1.2}{20} = 4.08 \Rightarrow x = ?$

A) 16   B) 14   C) 12   D) 8   E) 4

17. $1 + \dfrac{1}{1 - \dfrac{x}{x+1}} = 4 \Rightarrow x = ?$

A) 2   B) 3   C) 4   D) 5   E) 6

18. $3^x \sqrt[3]{3} = 9\sqrt{3} \Rightarrow x = ?$

A) $\dfrac{1}{2}$ B) $\dfrac{1}{3}$ C) $\dfrac{1}{9}$ D) $\dfrac{13}{6}$ E) $\dfrac{11}{2}$

19. $\dfrac{\dfrac{1}{2} - x}{1 - x} = 0.1 \Rightarrow x = ?$

A) $\dfrac{1}{2}$ B) $\dfrac{4}{9}$ C) 1   D) 2   E) $\dfrac{9}{4}$

20. $-2^{-2} + 2^{-1} = 2^{-x+2} \Rightarrow x = ?$

A) 1   B) 2   C) 3   D) 4   E) 5

21. $\dfrac{a+\dfrac{b}{c}}{c+\dfrac{b}{a}} = ax \Rightarrow x = ?$

A) $\dfrac{1}{a}$ B) $\dfrac{1}{b}$ C) $\dfrac{1}{c}$ D) a   E) c

22. $\dfrac{a+b}{a-b} = \dfrac{x}{b-a} \Rightarrow x = ?$

A) a+b   B) -1   C) $a^2 - b^2$ D) a-b   E) -a-b

23. $(0.4).x=5 \Rightarrow (1.44).x = ?$

A) 5.055   B) 0.55   C) 16   D) 32   E) 18

24) $\dfrac{x!}{x^2 - 3x} = \dfrac{(x-1)!}{13} \Rightarrow x = ?$

A) 10   B) 13   C) 16   D) 19   E) 22

(Answers)						
1.E	2.A	3.A	4.C	5.D	6.C	
7.A	8.A	9.E	10.D	11.D	12.C	
13.D	14.C	15.B	16.A	17.C	18.D	
19.B	20.D	21.C	22.E	23.E	24.C	

1. $(1.1)^2 - (0.1)^2 = 0.2 \cdot x \Rightarrow x = ?$

A)1   B)2   C)3   D)4   E)5

2. $x \cdot \sqrt[3]{0.027} = \frac{1}{3} \Rightarrow x = ?$

A)3   B)2   C)1   D)$\frac{10}{9}$ E)$\frac{1}{2}$

3. $12! - x \cdot (10!) = 130 \cdot (10!) \Rightarrow x = ?$

A)1   B)2   C)3   D)4   E)5

4. $\frac{x}{0.03} = y, 100 < y < 1000 \Rightarrow ? < x < ?$

A)3<x<10   B)3<x<30   C)3<x<100

D)10<x<30   E)10<x<100

5. $\left. \begin{array}{l} \dfrac{x}{5} = \dfrac{y}{7} \\ \dfrac{5y}{3} = \dfrac{7x}{3} + z - 2 \end{array} \right\} \Rightarrow z = ?$

A)0   B)1   C)2   D)3   E)4

6. $\dfrac{3y-1}{y^2-y} - \dfrac{2}{y-1} = \dfrac{3}{y} \Rightarrow (SS) = ?$

A){0}   B){1}   C){2}   D)∅   E){3}

7. $0.42 - 0.031 = 3.33 - t \Rightarrow t = ?$

A)0.3   B)0.7   C)1   D)2   E)3

8. $\dfrac{\dfrac{x}{2x-3}}{4} - \dfrac{\dfrac{4}{3-2x}}{3} = 4 \Rightarrow x = ?$

A)1   B)2   C)4   D)5   E)6

9. $\dfrac{1 + \dfrac{1}{x-1}}{1 - \dfrac{1}{x}} = 1 \Rightarrow x = ?$

A) $\dfrac{1}{2}$ B)-2   C) $-\dfrac{1}{3}$ D) $\dfrac{2}{3}$ E)4

10. $\dfrac{1}{1 - 1 + \dfrac{1}{x-1}} = 2 \Rightarrow x = ?$

A)-2   B)-1   C) $\dfrac{1}{2}$ D) $\dfrac{3}{4}$ E)4

11. $\dfrac{x - \dfrac{x}{0.2}}{0.3} + 36 = 0 \Rightarrow x = ?$

A)0.1   B)0.6   C)1   D)2   E)3

12. $\dfrac{1}{x+1}+\dfrac{1}{x-1}=\dfrac{x-3}{x^2-1} \Rightarrow x=?$

A)-3   B)-2   C)0   D)1   E)6

13. $\left(t^2-\dfrac{1}{x^2}\right):\left(t-\dfrac{1}{x}\right)=1 \Rightarrow t=?$

A) $\dfrac{x-1}{x}$ B) $x+1$ C) $\dfrac{x}{x+1}$ D) $\dfrac{x-1}{x+1}$ D) $4x$

14. $\dfrac{8x^2}{x^3-a^3}:\dfrac{4x^2}{x^2+ax+a^2}=3 \Rightarrow x=?$

A) a   B) $\dfrac{a}{2}$ C) a+2   D) 2a+2   E) 3a

15. $ax+b^2=a^2+bx \Rightarrow x=?$

A) a-b   B) a   C) $\dfrac{2b}{a}$ D) $\dfrac{a}{a-b}$ E) a+b

16. $\left(\dfrac{1}{x^2}-\dfrac{1}{a^2}\right):\left(\dfrac{1}{x}+\dfrac{1}{a}\right)=1 \Rightarrow x=?$

A)a   B)2a   C)$\dfrac{a}{a+1}$ D)$\dfrac{a-1}{a}$ E)$\dfrac{a+1}{a-1}$

17. $\dfrac{y}{2}+\dfrac{y}{3}+\dfrac{y}{4}=y-1 \Rightarrow y=?$

A)-24   B)-18   C)-15   D)-14   E)-12

18. $\dfrac{x^2-1}{x^2+2x-3}=2 \Rightarrow x=?$

A)-9   B)-5   C)-1   D)4   E)7

19. $4-(1-x)^2=(3-x)(3-x) \Rightarrow x=?$

A)0   B)1   C)2   D)3   E)6

20. $\dfrac{x+1}{3}-\dfrac{3x-1}{5}=x-2 \Rightarrow x=?$

A)1   B)2   C)3   D)4   E)5

21. $\left(\dfrac{2}{1-x}+\dfrac{3}{x+1}\right)^{-1}=-1 \Rightarrow x=?$

A)-4   B)-2   C)-1   D)2   E)3

22. $0.2x+0.02x=0.04x+18 \Rightarrow x=?$

A)1   B)10   C)100   D)110   E)1000

23. $\dfrac{1-0.2x}{3} = x - 0.3 \Rightarrow x = ?$

A)0.2   B)2   C)$\dfrac{25}{9}$ D)3.2   E)$\dfrac{18}{29}$

24. $\dfrac{1-x}{1-\dfrac{1}{x}} + \dfrac{x}{1+\dfrac{1}{x}} - \dfrac{1}{x+1} = \dfrac{x-6}{x} \Rightarrow x = ?$

A)-2   B)0   C)2   D)3   E)9

(Answers)					
1.E	2.D	3.B	4.B	5.C	6.D
7.E	8.E	9.A	10.C	11.E	12.A
13.A	14.E	15.E	16.C	17.E	18.B
19.B	20.B	21.D	22.C	23.E	24.D

1. $\dfrac{0.22}{x} = \dfrac{0.11}{0.12} \Rightarrow x = ?$

A) 0.24　　B) 0.22　　C) 0.18　　D) 0.12　　E) 0.11

2. $2-(2-(2-x))=x \Rightarrow x = ?$

A) -2　　B) -1　　C) 0　　D) 1　　E) 2

3. $\dfrac{x}{x-3} = \dfrac{x-2}{x-6} \Rightarrow x = ?$

A) -2　　B) -3　　C) -4　　D) -5　　E) -6

4. $\dfrac{2}{2+\dfrac{2}{2+\dfrac{2}{x}}} = 2 \Rightarrow x = ?$

A) $-\dfrac{1}{2}$　　B) $-\dfrac{1}{4}$　　C) $\dfrac{1}{4}$　　D) $\dfrac{1}{2}$　　E) 1

5. $\left.\begin{array}{r}2x+4=0\\3x-y+1=0\end{array}\right\} \Rightarrow y = ?$

A) -7　　B) -5　　C) 0　　D) 1　　E) 2

6. $\begin{aligned}\dfrac{2}{a}+\dfrac{3}{b}=3\\ \dfrac{4}{a}-\dfrac{3}{b}=1\end{aligned}\Bigg\} \Rightarrow a=?$

A) $\dfrac{2}{3}$ B) 1 C) $\dfrac{3}{2}$ D) $\dfrac{5}{2}$ E) 4

7. $\begin{aligned}2x+y-z=8\\ x+2y+z=4\end{aligned}\Big\}\Rightarrow y+z=?$

A) -2 B) 0 C) $\dfrac{2}{5}$ D) $\dfrac{1}{2}$ E) 2

8. $(a-1)^2=(a-2)(a-4)\Rightarrow a=?$

A) -2 B) $-\dfrac{7}{4}$ C) $\dfrac{7}{4}$ D) 2 E) $\emptyset$

9. $\begin{aligned}2x+3y=16\\ 2y+c=8\\ 3x-c=6\end{aligned}\Bigg\}\Rightarrow 2x+y=?$

A) 10 B) 9 C) 8 D) 5 E) 1

10. $\dfrac{12}{x+a}+\dfrac{2}{x-5}-\dfrac{2}{x-6}=\dfrac{2}{3}$, $x=8\Rightarrow a=?$

A) 2 B) 3 C) 4 D) 5 E) 6

11. $\begin{aligned}-2x+3y-4z=32\\ 3x-2y+5z=24\end{aligned}\Big\}\Rightarrow x+y+z=?$

A)28   B)36   C)42   D)48   E)56

12. $\left.\begin{array}{l}a + 10b + 14c = 30\\ a + 5b + 7c = 32\end{array}\right\} \Rightarrow a = ?$

A)30   B)32   C)34   D)36   E)40

13. $\dfrac{x+y+9}{x+y} = 10 \Rightarrow x = ?$

A)1+y   B)1-y   C) $\dfrac{1+y}{2}$ D) $\dfrac{1+y}{9}$ E) $\dfrac{1-y}{9}$

14. 3- $\dfrac{1}{2 + \dfrac{x}{1 - \dfrac{1}{2}}} = 2 \Rightarrow x = ?$

A)-2   B) $-\dfrac{3}{2}$ C)-1   D) $-\dfrac{1}{2}$ E)1

15. $\left.\begin{array}{l}\dfrac{x+y-4}{4} = \dfrac{5}{4}\\ \dfrac{x-y+3}{3} = \dfrac{4}{3}\end{array}\right\} \Rightarrow x = ?$

A)5   B)6   C)7   D)8   E)10

16. $\begin{array}{l} 5x - y + z = 5 \\ 2x + y - z = 2 \end{array} \Rightarrow 3x + 2x - 2y = ?$

A) 2 B) 3 C) 6 D) 10 E) 11

17. $\dfrac{4a-3}{2} = 4 - \dfrac{3a-2}{4} \Rightarrow a = ?$

A) -15 B) -12 C) 12 D) 15 E) 17

18. $\dfrac{1 + \dfrac{x}{x+2}}{1 - \dfrac{x}{x-2}} = 1 \Rightarrow x = ?$

A) -2 B) -1 C) 0 D) 2 E) 3

19. $\begin{array}{l} ax + b = -2 \\ a + bx = 4 \end{array} \Rightarrow x = ?$

A) $5x$ B) $\dfrac{11x}{2}$ C) $3 + 4x$ D) $\dfrac{3}{x}$ E) $\dfrac{2}{x+1}$

20. $\begin{array}{l} 3x + y + z = 28 \\ x + 3y + z = 25 \\ x + y + 3z = 22 \end{array} \Rightarrow \dfrac{x+y}{z} = ?$

A) $\dfrac{2}{7}$ B) $\dfrac{7}{23}$ C) $\dfrac{7}{2}$ D) $\dfrac{23}{7}$ E) $\dfrac{15}{7}$

21. $\left.\begin{array}{l}\dfrac{5}{x}-\dfrac{2}{y}=7\\ \dfrac{2}{x}-\dfrac{3}{y}=-6\end{array}\right\}\Rightarrow x+y=?$

A) $\dfrac{5}{12}$ B) $\dfrac{1}{2}$ C) $\dfrac{7}{12}$ D) $\dfrac{2}{3}$ E) 2

22. $\left.\begin{array}{l}2a+3b-2c=6\\ a+b=c=5\end{array}\right\}\Rightarrow a+2b-c=?$

A) -2   B) -1   C) 0   D) 1   E) 2

23. $\left.\begin{array}{l}2a+b=3\\ b+3c=5\\ c-a=7\end{array}\right\}\Rightarrow b=?$

A) 25   B) 29   C) 33   D) 37   E) 41

24. $\left.\begin{array}{l}a.b=\dfrac{3}{2}\\ b.c=12\\ a.c=2\end{array}\right\}\Rightarrow c=?$

A) 3   B) 4   C) 5   D) 6   E) 7

(Answers)						
1.A	2.D	3.E	4.A	5.B	6.C	
7.B	8.C	9.C	10.C	11.E	12.C	
13.B	14.D	15.A	16.A	17.B	18.C	
19.E	20.D	21.C	22.D	23.E	24.B	

www.ingramcontent.com/pod-product-compliance
Lightning Source LLC
Chambersburg PA
CBHW050313220526
45465CB00005B/1973